KB244557

럭셔리한 디저트

셰프가 전하는 **럭셔리한 디저트**

초판 1쇄 인쇄 2018년 6월 12일
초판 1쇄 발행 2018년 6월 20일

편저자   요리공작소
펴낸이   김호석
펴낸곳   도서출판 린
편집부   박은주
마케팅   오중환
관리   김소영

주소   경기도 고양시 일산동구 장항동 776-1 로데오메탈릭타워 405호
전화   02) 305-0210
팩스   031) 905-0221
전자우편 dga1023@hanmail.net
홈페이지 www.bookdaega.com

ISBN 979-11-87265-41-2 13590

셰프가 전하는
럭셔리한 디저트

Luxury Dessert

요리공작소 편

Prologue

각분야(호텔, 레스토랑, 학교, 컨설턴트)에서 종사하는 셰프들이 메인 요리에 버금가는 독창적이고 창의적인 아이디어로 좋은 재료와 꼼꼼한 정성으로 만들어진 디저트는 후식 개념이 아닌 또다른 음식문화를 창출하고 있습니다.

각 나라별로 특별한 재료와 공통적인 다양한 요소의 재료로 누구도 보지 못하고 흉내낼 수 없는 자기만의 다양한 맛과 멋을 지닌 디저트 문화로 성장하는데 기여하고 있습니다.

초보자가 아닌 요리를 만들 줄 아는 요리사 이상의 셰프와 좀더 나은 독립적이고 새로운 디저트 영역의 문화를 업그레이드 하는데 기여하고자 레시피와 만드는 법을 생략하고, 여러 셰프들의 다양한 많은 요리를 보여주고자 소개하는 것에 초점을 맞추었습니다.

이 책이 디저트 문화가 한걸음 더 성장하는데 이바지 하는 길이 되길 희망하며, 아울러 각 분야의 훌륭한 셰프님들 작품을 소개해드릴 수 있는 계기가 되길 바랍니다.

2018. 6

요리공작소

Contents

목 차

Contents

목 차

목 차

001

초콜릿 바스켓에
마스카포네 치즈 크림과
초콜릿 컵에 초콜릿 가나슈
크림을 채운 디저트

Chocolate Basket with Mascapone
Cream Chocolate Ganache Cream
cup Macarpone

002

달콤한 초코 브라우니

Chocolate Brownie,
White Chocolate Cream

003

초콜릿 가나슈 크림과 산딸기
마스카포네 크림을 초콜릿
링 시트에 짜서 장식하여
층을 만든 디저트

Dark Chocolate Ganache Cream ,
Raspberry Mascapone Cream with
Tuile Sauce

004

새콤달콤 인삼 무스 패션프루트 젤리

Ginseng Mousse Passionfruit Jelly

005

그랑 마니에 초콜릿 크림과
아블린 소스의 그랑 크루 시트러스 티안

Grand Marnier Chocolate Cream,
Aveline Sauce

006

홍시 소스에 올린 녹차 파나코타와 과일, 마카롱을 곁들인 디저트

Green Tea Panacotta
with Persimmon Sauce Fresh Fruit
Macaroon Black Sesame Tuile

007

한라봉 젤리, 녹차 머랭, 망고 소스를 더한 녹차 파르페

Green Tea Parfait Hallabong Jelly
Green Tea Meringue Mango Sauce
Hazelnut Sugar Stick

008

산딸기 셔벗과 산딸기 소스의
화이트 초콜릿 돔 무스

White Chocolate Dom Mousse
with Raspberry Sherbet
Raspberry Sauce

009

과일 젤리와 소스를 곁들인
레몬 크림 치즈케이크

Lemon Cream Cheese Cake
Fruit Jelly Fruit Sauce

초콜릿 무스와 마스카포네 크림의 밀푀유

Mille Feuille of Dark Chocolate Mousse
Mascapone Cream Macaron

011

망고 소스와 견과류 누가 파르페
Mixed Nougat Parfait Mango Sauce

012

이탈리아 머랭 과일 타르트

Pavarova Fruit Raspberry Ice Cream
Mango sauce

013

밤 무스

Chestnut Mousse

014

산딸기 크림치즈 무스

Raspberry Cheese Tower
Hallabon Raspberry Jelly

산딸기 셔벗과 산딸기 소스의 실크 초콜릿 무스

Silky Chocolate Mousse
with Raspberry Sherbet Raspberry Sauce

016

산딸기 튀일과 소스를 곁들인 블루베리 크렘블레

Blueberry Creme Brulee
with Raspberry Tuile, Sauce

017

초콜릿 브라우니,
화이트 초콜릿 무스와 인삼 젤리

Chocolate Brownie,
White Chocolate Mousse, Ginseng Jelly

018

마스카포네 크림을 곁들인 자두 타르트

Warm Plum Tart Caramel Sauce
Masapone Cream

019

초콜릿 보넷

Bonet di cioccolato

020

새콤달콤한 과일졸임과
쌉쌀한 카카오소스를 곁들인
또로네 세미프레도

Semifreddo al torrone,
salsa al cacao amaro e agrumi canditi

베네치아식 티라미수

Tiramisù alla nostra versione

초콜릿소스를 곁들인
과일 세미프레도

Semifreddo di frutta con salsa cioccolato

023

민트소스를 곁들인 생크림 젤리

Crema alla panna con
salsa alla menta

이국적인 다양한
과일 세미프레도

Semifreddo ai frutti esotici

리코따 또르따

Torta di ricotta

리코따 크림으로 소를 채운 깐놀로

Cornucopia, cialda di cannolo con crema di ricotta e marmellata d arance

크림 캐러멜을 넣은 초콜릿

Delizia al cioccolato, cremoso al caramello

028

작은 머랭과자를 곁들인 초콜릿과 헤이즐넛 세미프레도

Semifreddo di nocciole e cioccolato con meringata piccola

따뜻한 초콜릿 퐁당 케이크와 영국식 바닐라소스

Tortino al cioccolato fondente con salsa inglese

피스타치오 요구르트 젤라또와 과일젤리

Savarin di fragoline di bosco e gelatina al brachetto

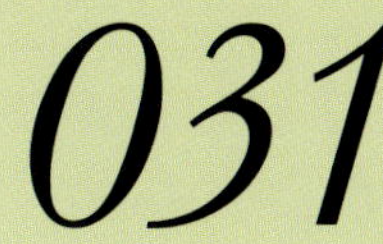

031

카푸치노 거품소스와 달콤한 밤으로 소 채운 바삭한 오렌지 끄로깐띠

Raviolo croccante al arancio con ripieno dolce di castagna e salsa cappuccina

032

쓴 초코와 염소 리코따 세미프레도

Cono di ricotta e
colata di cacao amaro

사과와 자두를 곁들인 리코따 스트루델

Strudel di ricotta con prugne e mele

또르따 디 초코라또

Torta di cioccolata

035

레몬 또르따
Torta di limone

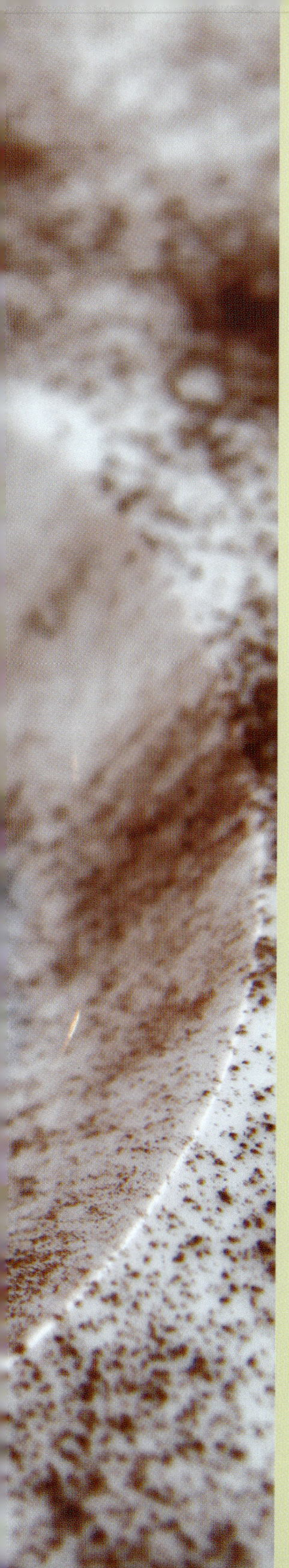

커피소스를 곁들인
뜨거운 아몬드 당근 케이크

Tortino caldo di carote e mandorle con salsa al caffe

땅콩 크림과 감 속살 디저트

Crema di arachidi e polpa di cachi

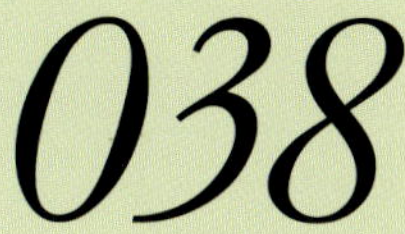

자바이오네 소스를 곁들인 과일그라탕

Frutta gratinata con zabaione al moscato di volpara

삼부카향의 불붙는 젤라또 튀김

Gelato fritto alla fiamma

040

프로세코 와인과 딸기
소르베또(셔벗) 그리고
배를 곁들인 초코 비스코또

Biscotto al cioccolato con cannella e pera, sorbetto ai lamponi

041

오렌지 끄로깐띠노와 산뜻한 마스카포네 레몬크림

Crema di limone con croccantino arancino

042

망고소스를 곁들인
샴페인 바바레제

Bavarese allo champagne con
salsa al mango

바바레제 몬테 비앙코(몽블랑)

Bavarese monte bianco

럼에 절인 바바

Babà al rum

045

리코따 푸딩

Budino di ricotta

046

와인에 졸인 배를 곁들인 페스츄리 파이

Sfogliatella con pere al vino rosso

머랭을 올린 배

Pere meringate

딸기와 요거트를 곁들인 바질향의 차가운 멜론 주빠

Zuppa fredda di melone al basilico con yogurt e fragole

049

빤나꼬따

Panna cotta

050

리코따 무스를 곁들인 푸른 사과 냉 주빠

Zuppa fredda alla mela verde con Mousse di ricotta

051

과일소스를 곁들인 산딸기 바바레제

Bavarese di Lamponi con salsa di frutta

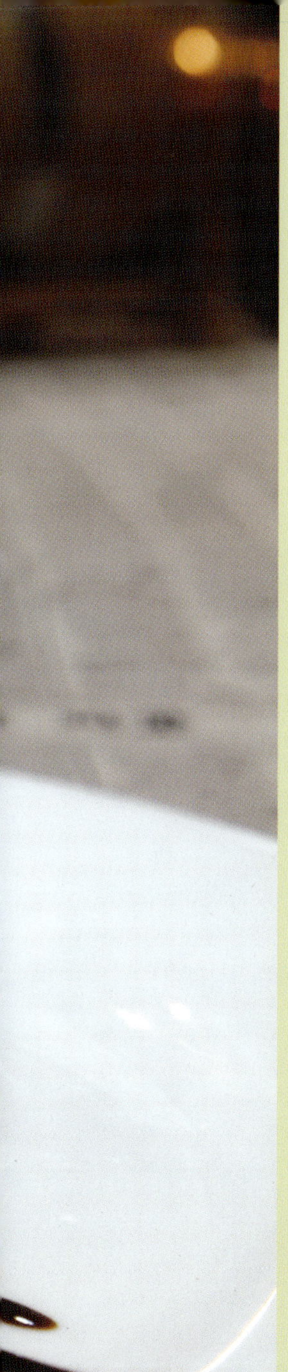

과일소스를 곁들인 끄레스펠레

Suzette di crespelle

요구르트 케이크

Torta allo yogurt

054

오렌지 끄로깐띠를 곁들인 크레마 꼬따

Crema cotta alla soia e mou
con croccanti di arancia

055

초콜릿 살라미

Salami di cioccolato

056

얼 그레이 크렘 브륄레

Earl grey crème brûlée

057

전통 이탈리아 방법으로 만든 티라미수

Tiramisù

058

나폴리식 파스티에라

Pastiera napoletana

059

헤이즐넛 바바레제

Bavarese alle nocciole

깐놀리

Cannoli

체리 주빠와 젤라또
Zuppa di cigliegie

파마산 치즈와 배를 이용한 돌체

Dolce di parmigiano e pere

굴즙을 곁들인 가을철 과일 과젯또와 이탈리아 파슬리와 초콜릿 크림 맛의 타르트

Guazzetto di frutti autunnali su tartelletta alla crema di prezzemolo e cioccolato

자몽을 곁들인 끄레스펠레

Crespelle con pompelmo rosa
(Fagottini di crespelle)

스파이시 과일 마체도니아

Macedonia di frutta speziata

066

환희(희열)

In Sollucchero

과일 테린

Terrina di frutti rossi

068

천연 딸기즙과
계절과일을 곁들인 구운 머랭

Meringata con frutta stagione

계절과일 곁들인 세 가지 젤라또

Tre gelato con frutti stazioni

딸기 크런치와 과일을 곁들인 초콜릿 젤라또

Gelato cioccolato e fragola con croccanti di fragola e frutta

071

젤라또를 곁들인 마체도니아

Macedonia con gelato

바닐라소스를 곁들인 슈 캐러멜라

Bignè fritti caramellati con crema inglese

073

크레모조한 바나나,
딸기 주뻬따를 곁들인
파스타 브릭의 바삭한 깐놀로

Cannolo croccante di pasta brik,
cremoso alla anana e
zuppetta di fragole

074

카페를 넣은 자바이오네와 인상적인 크림

Impressionismo di crema e zabaione al caffè

075

망고와 바닐라 젤라또

Mango e gelato alla vaniglia

076

레몬 소르베또와 파이의
아르침볼도

Arcimboldo di sfoglia e il suo
sorbetto

077

오렌지 튈레와 꿀, 아몬드 가또우를
곁들인 샤프론 젤라또

Gelato allo zafferano, gateau di mandorle, miele e
touille allàrancia

골든 키위즙을 곁들인 빤나꼬따

Panna cotta coon succo di kiwi giallo

바질향미의 파인애플과 딸기와 크림 젤리

Crema cotta con ananas e basilico, fragola

080

망고 마시멜로, 패션 크림 무스, 그리오트 클리, 패션망고 크림, 패션글라사주, 녹차 크럼블

Magic(마술)

초코 사브레, 캐러멜 오렌지 글라사주, 패션 샤베트

Triple(트리플)

082

무스 쇼콜라레, 크럼블, 튀일, 화이트엔젤 시트, 커피 소스, 산딸기 젤리

Train(기차)

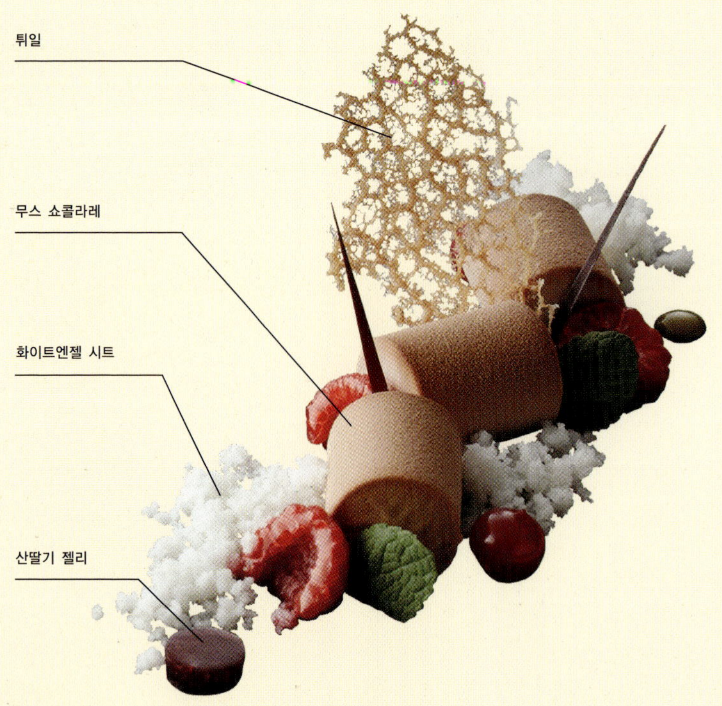

083

유자 시트, 산딸기 무스,
코리앤더 가나슈,
산딸기 글라사주, 쇼콜라 무스

Four Seasons(사계)

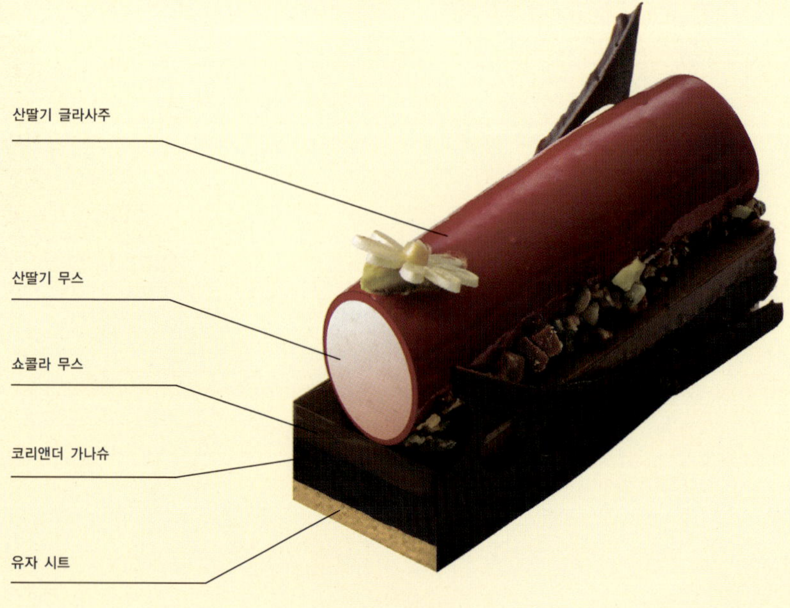

4-seasons

084

파인애플 콤포트, 패션 크림,
산딸기 소스, 코코넛 무스,
감귤 콤포트, 코코넛 다쿠아즈

Birth(탄생)

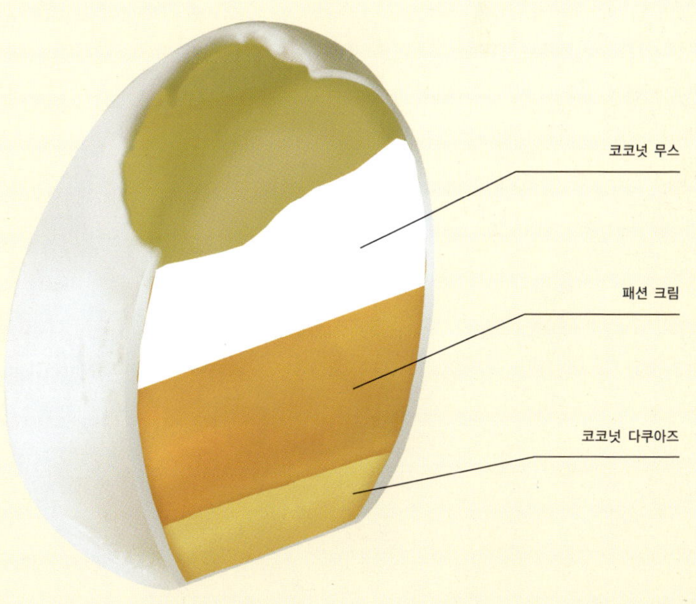

화이트와인 젤리, 바닐라 크림, 그리오트 젤리, 산딸기 쿨리, 산딸기 무슬린, 버터크림, 크렘 파티시에

Cocktail(칵테일)

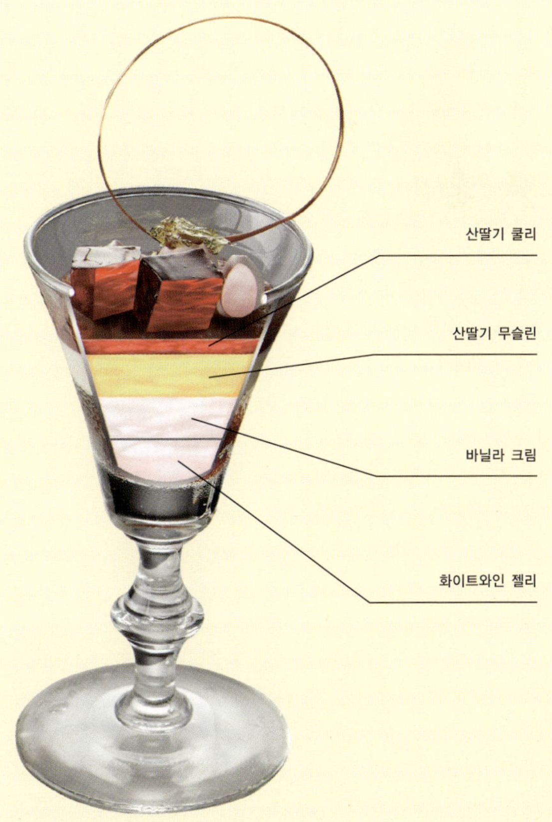

086

마스카포네 무스, 커피 크림, 초코 크림

Noblesse(귀족)

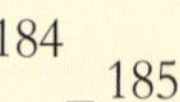

헤이즐넛 스펀지, 커스터드 크림, 피스타치오 크림, 화이트와인 젤리, 산딸기 쿨리, 크렘 쇼콜라 키리쉬

Times Square(타임스퀘어)

크럼블, 망고 젤리, 크렘 파티시에, 피스타치오 크림, 피스타치오 무슬린, 버터크림, 크렘 디플로마트, 산딸기 소스

Rainbow(레인보우)

089

크림치즈 무스, 그린애플 무스,
패션 파인애플 샤베트, 글라사주,
버스퀴, 쇼콜라 스페리컬,
쇼콜라 크럼블

Musician(음악가)

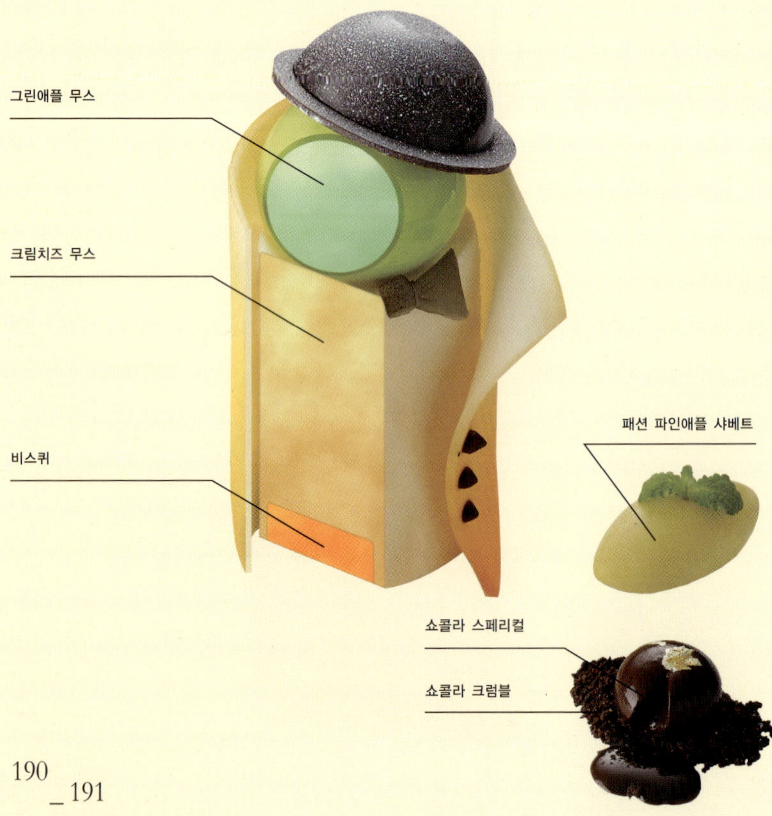

090

청사과 무스, 산딸기 쿨리, 코코넛 스페리컬, 녹차 크럼블, 아몬드 튀일, 헤이즐넛 오렌지 사브레, 글라사주, 청사과 샤베트

Matteng de Paris(파리의 아침)

091

말차 스펀지, 망고 글라사주,
망고 마시멜로, 패션망고 젤리,
바닐라 아이스크림, 오렌지 스펀지,
오렌지 크림, 헤이즐넛 오렌지 사브레,
레몬 무스

Tasty(맛있는)

장식용 머랭, 피스타치오 비스퀴, 장미리치 산딸기 바바루아, 그린애플 스페리컬, 산딸기 콤포트, 녹차 크럼블, 산딸기 글라사주, 망고패션 소르베, 망고 소스

Escargot(에스카르고)

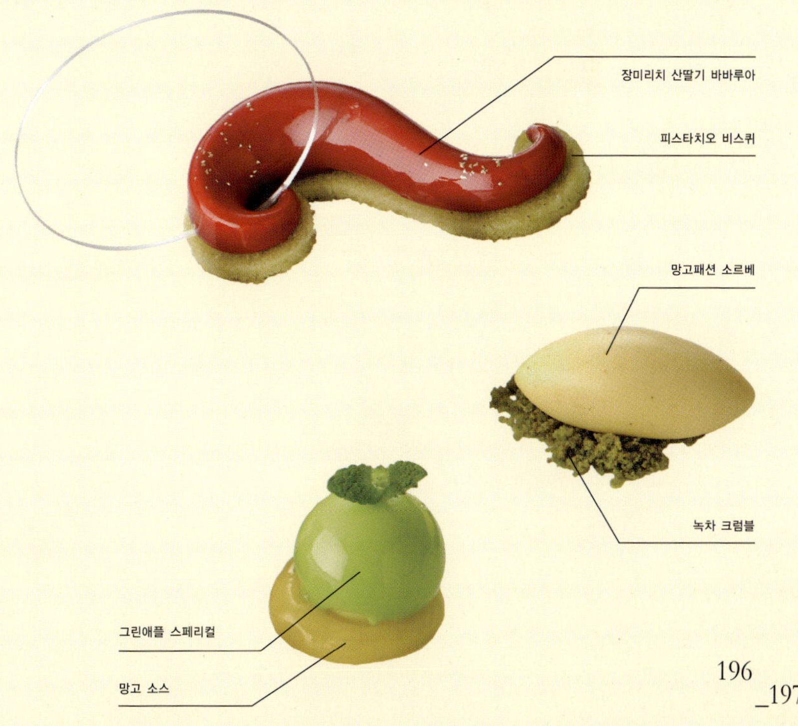

093

무스 미에르, 아몬드 튀일,
마카다미아 브라우니, 산딸기 젤리,
패션망고 크림, 딸기 콤포트,
산딸기 소스, 패션 글라사주

Dinner Party(만찬)

094

프랄리네 무스, 산딸기 콤포트,
코코넛 소르베, 초콜릿 소스,
카페 무스, 쇼콜라 크럼블,
초콜릿 튀일, 코코넛 마시멜로,
밀크 글라사주

Recollection(추억)

095

코코넛 마시멜로, 아몬드 튀일,
피스타치오 아이스크림, 녹차 크럼블,
오렌지 패션크림, 청사과 수비드,
패션망고 무스

October(10월)

096

화이트 올리브 초콜릿, 산딸기 소스,
피스타치오 바바루아, 딸기 콤포트,
패션 크림, 패션망고 젤리, 글라사주,
녹차 크럼블, 에멘탈치즈 샤베트

Try(트라이)

097

바닐라 아이스크림, 패션사과 수비드,
캐러멜 초콜릿 무스, 망고 스페리컬,
캐러멜 프라리네 아몬드, 브라우니,
얼그레이 가나슈, 쇼콜라 크럼블,
사브레

Advance(전진)

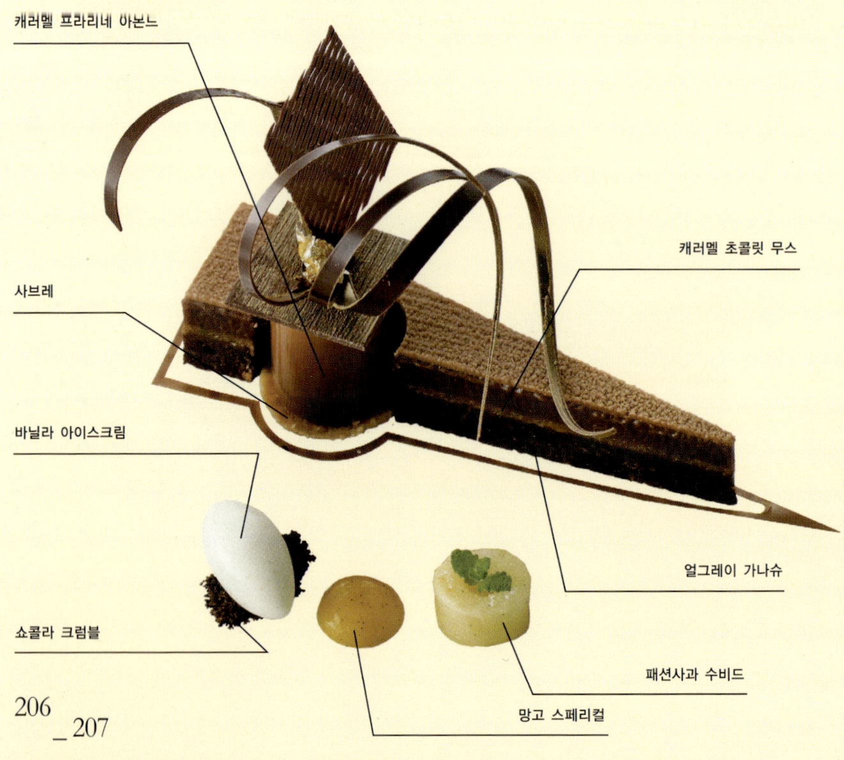

098

헤이즐넛 스펀지, 그리오트 젤리,
슈크림, 산딸기 소스, 녹차 크럼블,
패션 글라사주, 시가렛,
오렌지 바바루아, 오렌지 쿨리,
망고패션 소르베

Morning Glory(모닝글로리)

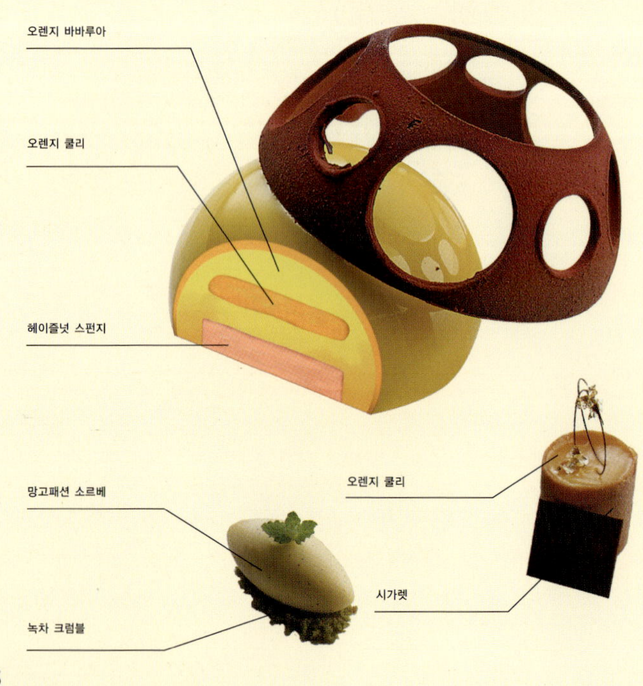

마스카포네 크림, 티라미수 스펀지,
커피 시럽, 커피소스,
망고패션 소르베, 망고 마시멜로,
쇼콜라 크럼블, 흑임자 두유 젤리
Natural(내추럴)

100

비스퀴 유자, 브라운 크럼블, 샹티이 얼그레이 쇼콜라, 크림 쇼콜라 키리쉬, 글라사주, 망고 스페리컬, 그린애플 스페리컬, 패션 소스, 사과 콤포트

Bridge(다리)

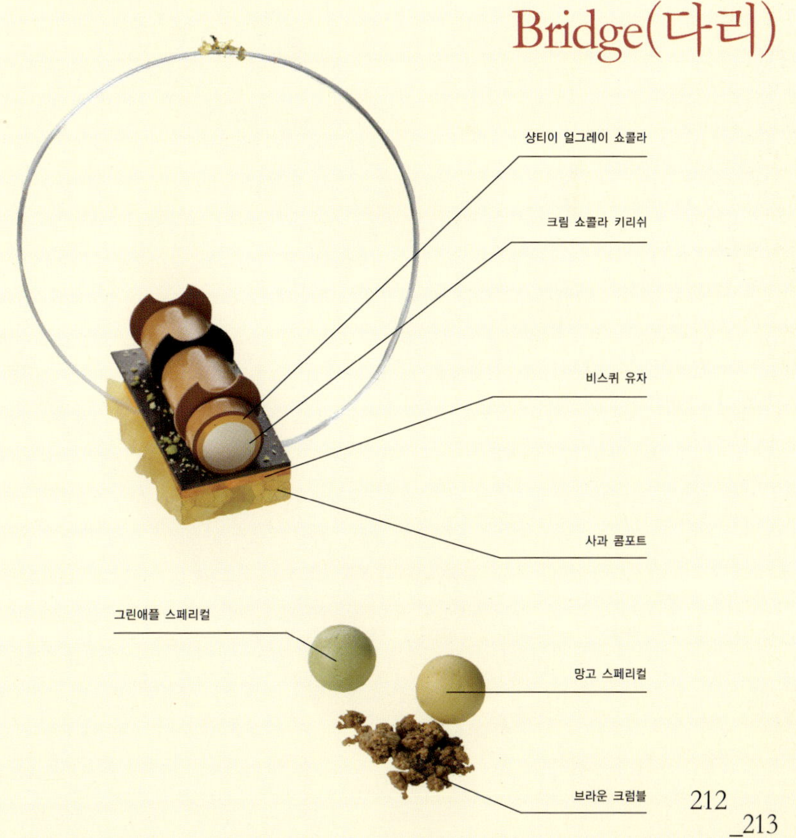

101

화이트 삼부카 무스, 코리앤더 가나슈,
초콜릿 아이스크림, 쇼콜라 스트로이젤,
글라사주 쇼콜라, 패션 소스, 프레즈 소스

Balance(균형)

102

프랄리네 무스, 패션 무스,
산딸기 무스, 패션 글라사주,
글라사주 쇼콜라, 상파린,
산딸기 글라사주

Square(스퀘어)

103

아몬드 사브레, 피스타치오,
아몬드 크림, 마카롱,
파인애플 캐러멜, 피스타치오 크림,
버터크림, 패션 글라사주, 패션크림

Holland(홀란드)

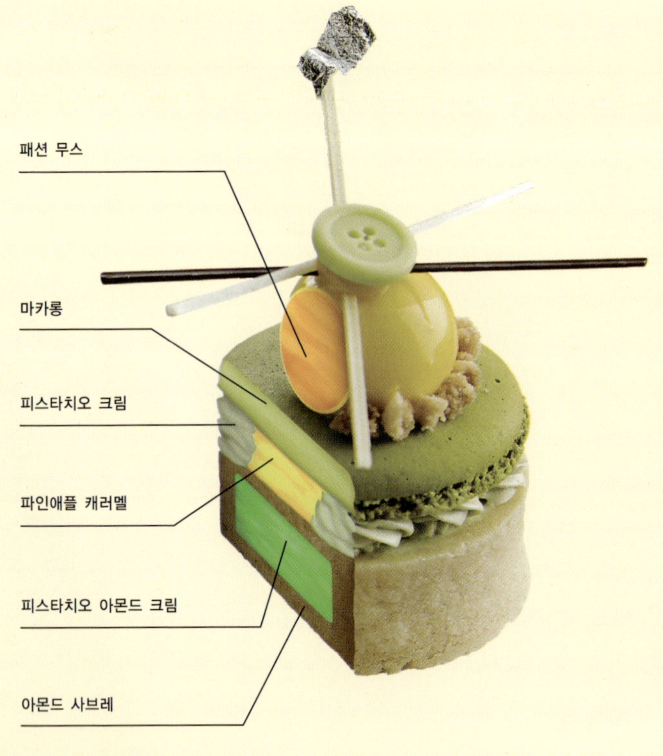

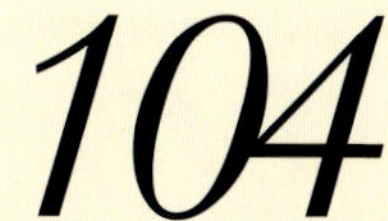

104

오렌지 바바루아, 오렌지 스펀지, 크렘 시트롱, 이탈리안머랭, 패션 글라사주

Fantastic(환상적인)

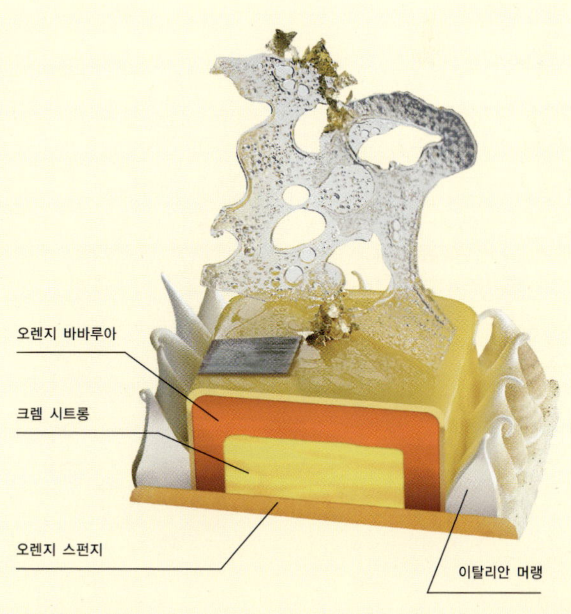

105

산딸기 무스, 휘앙티누,
산딸기 글라사주, 이탈리안머랭,
조콩드 비스퀴

Cloud(구름)

피스타치오 바바루아,
피스타치오 비스퀴, 글라사주,
산딸기 잼, 크렘 브륄레

Eight Angles(팔각형)

코코넛 다쿠아즈, 가나슈 오 아니스, 산딸기 글라사주, 산딸기 무스, 제조공정

Sunflower(해바라기)

기본 치즈케이크,
블랙커런트 치즈케이크,
패션망고 글라사주

Cheese Cake(치즈케이크)

109

스트로이젤, 산딸기 쿨리, 글라사주, 청사과 무스, 사과 콩포트

Green Apple(풋사과)

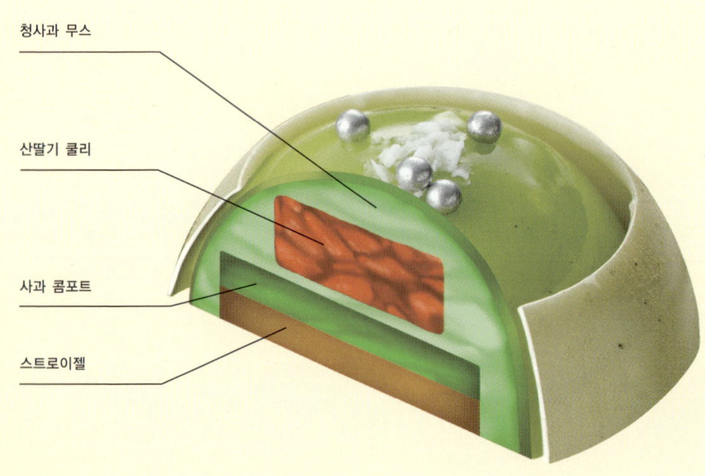

110

오렌지 꽃물 무스, 레몬 크림, 커스터드 크림, 헤이즐넛 레몬 스펀지, 패션 글라사주

Lemon Tree(레몬트리)

111

피스타치오 비스퀴, 패션 글라사주, 레몬 무스, 헤이즐넛 오렌지 사브레

Hive(벌집)

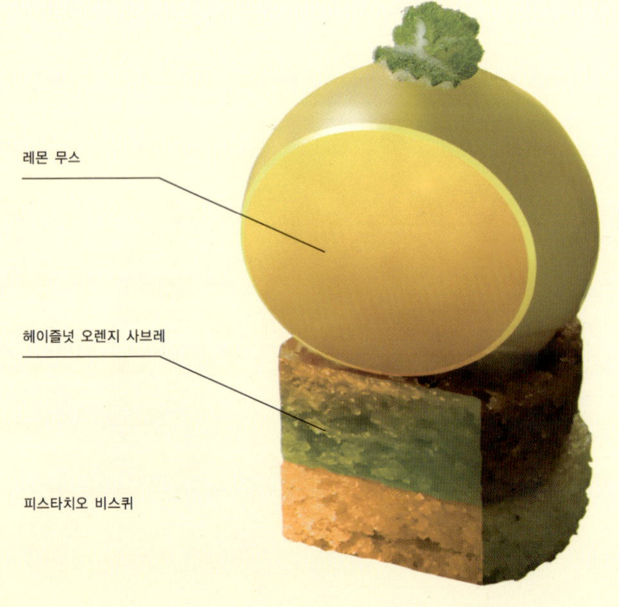

파트 아 슈, 슈 비스킷, 크렘 파티시에, 버터크림, 산딸기 콩피, 로즈 무슬린

The Framboise Yearning to the Rose

(로즈를 품은 프랑부아즈)

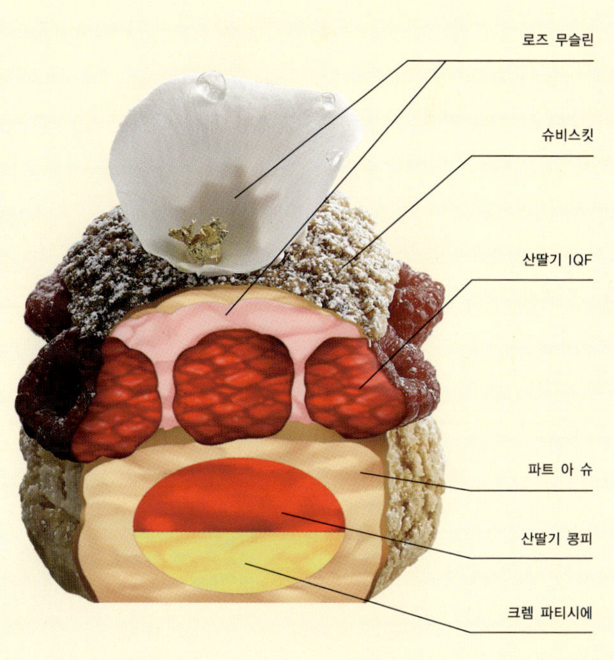

113

산딸기 무스, 산딸기 글라사주,
브라우니, 그리오트 젤리

Spectacle(스펙터클)

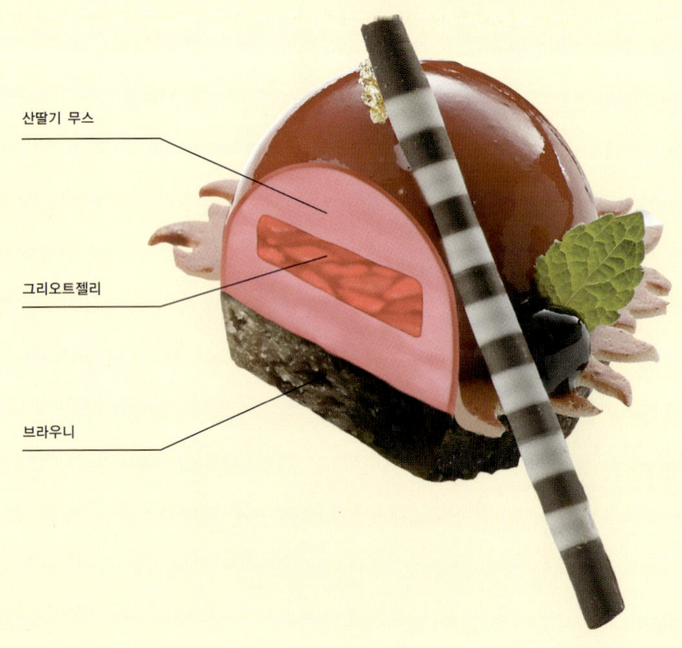

코코넛 무스, 패션 쿨리, 유자 시트

Purity(순수)

산딸기 무스, 피스타치오 크림, 헤이즐넛 스펀지, 산딸기 가나슈, 산딸기 글라사주

Lovely(러블리)

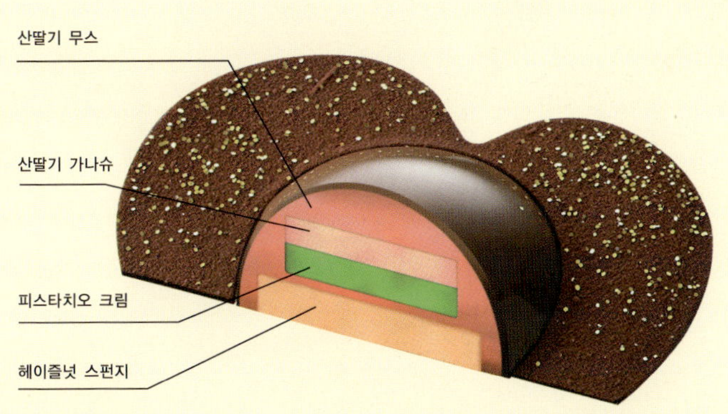

116

아몬드 사브레, 아몬드 크림, 마스카포네 바닐라 크림, 커피크림

Classics(고전)

117

쇼콜라 무스,
피스타치오 커스터드 크림,
헤이즐넛 스펀지, 콩피후레즈,
밀크 글라사주

Fall(가을)

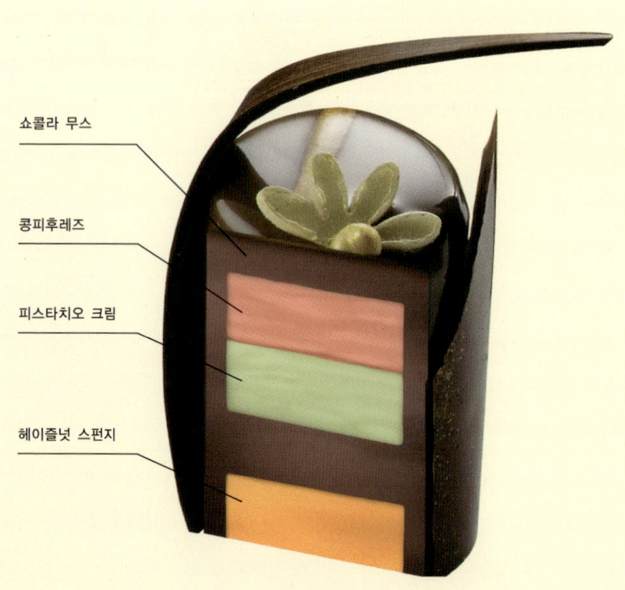

118

카페 가나슈, 헤이즐넛 초콜릿 무스, 밀크 글라사주

Pharaoh(파라오)

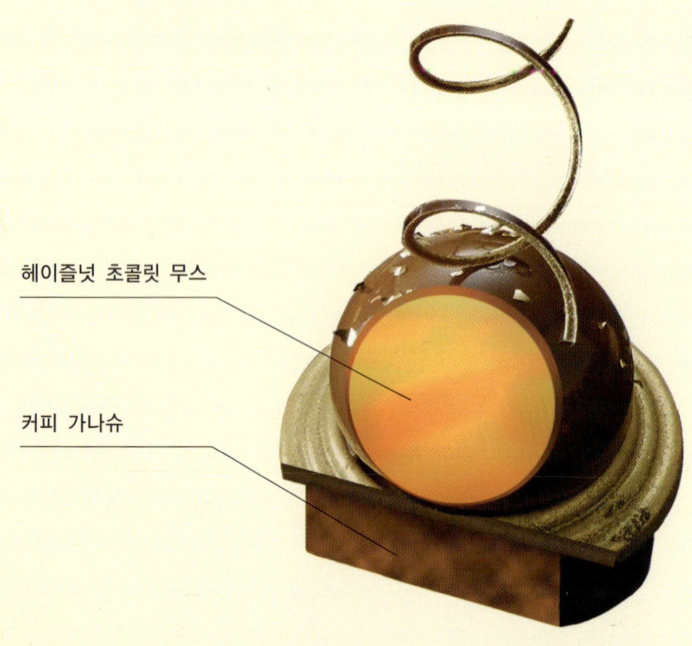

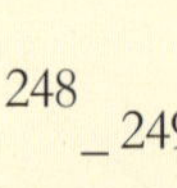

119

초코 크림, 상파린, 무스 쇼콜라,
충전용 바나나, 크런치,
글라사주 쇼콜라

Treasure Box(보물상자)

120

마롱 크림, 시가렛, 크렘 파티시에, 마롱 페이스트

Mont-Blanc(몽블랑)

121

무스 쇼콜라레, 글라사주 쇼콜라, 초콜릿 다쿠아즈, 딸기 콩포트, 튀일

Net(그물)

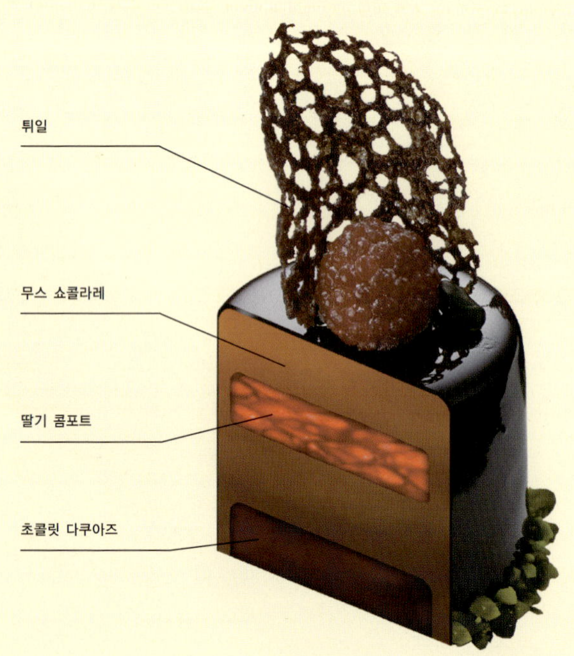

122

스트로이젤, 카페무스,
그리오트 젤리, 스펀지, 크렘브륄레

Break Time(휴식시간)

프랄리네 스트로이젤, 시나몬 캐러멜 크림, 밀크 글라사주, 무스 쇼콜라레

Society(어울림)

바나나 쇼콜라무스, 브랜디 바나나, 밀크 글라사주

Pot(항아리)

피스타치오 가나슈

Bonbon Pistashu(봉봉 피스타슈)

아니스 가나슈

Bonbon au Anise(봉봉 오 아니스)

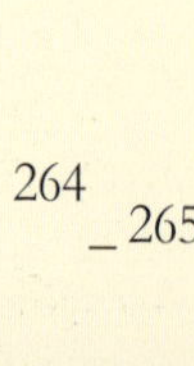

127

산딸기 가나슈, 산딸기 쿨리
Duo Framboise(듀오 프랑부아즈)

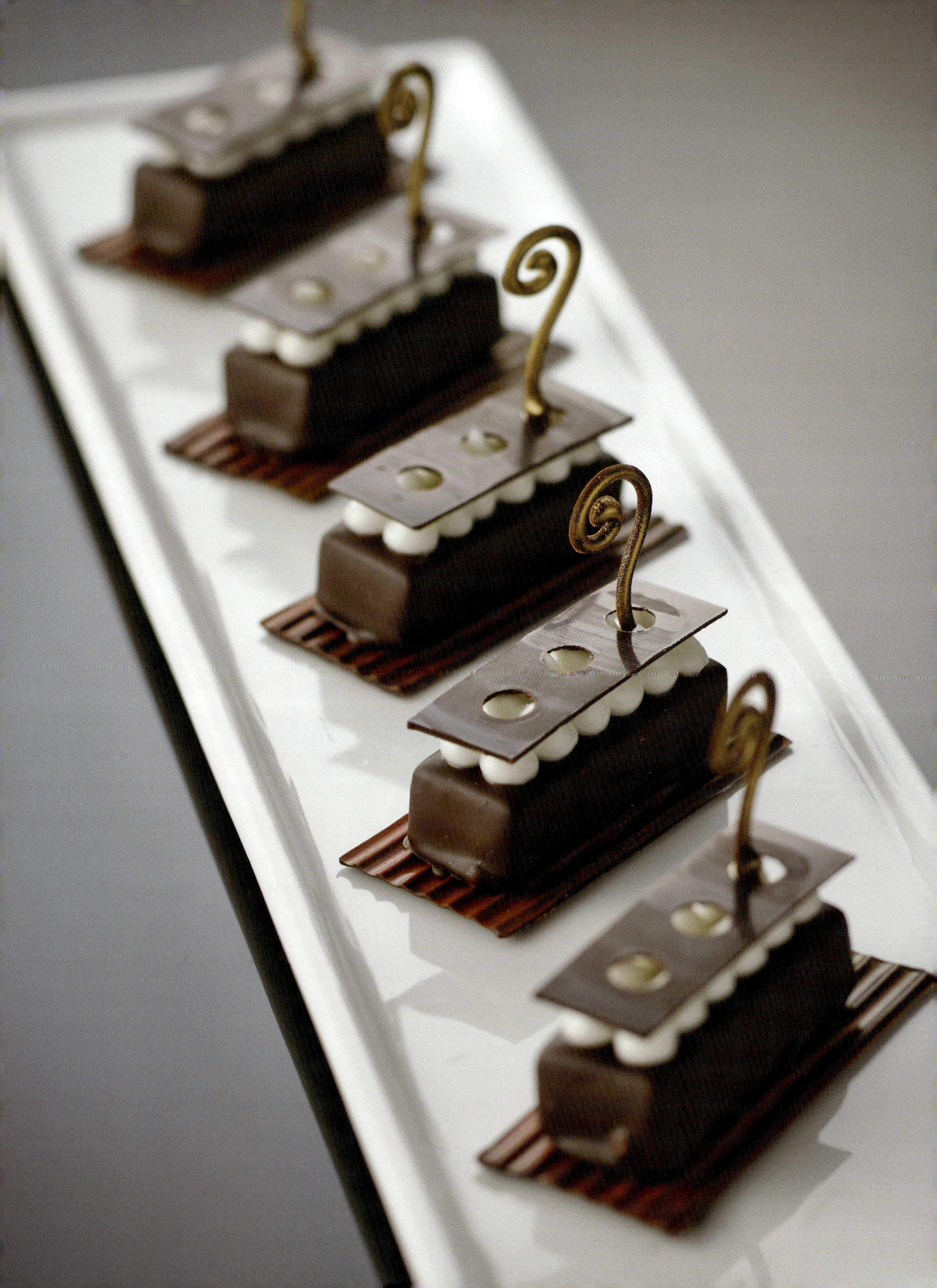

128

가나슈 카페, 치즈크림
Tiramisu Cafe(티라미수 카페)

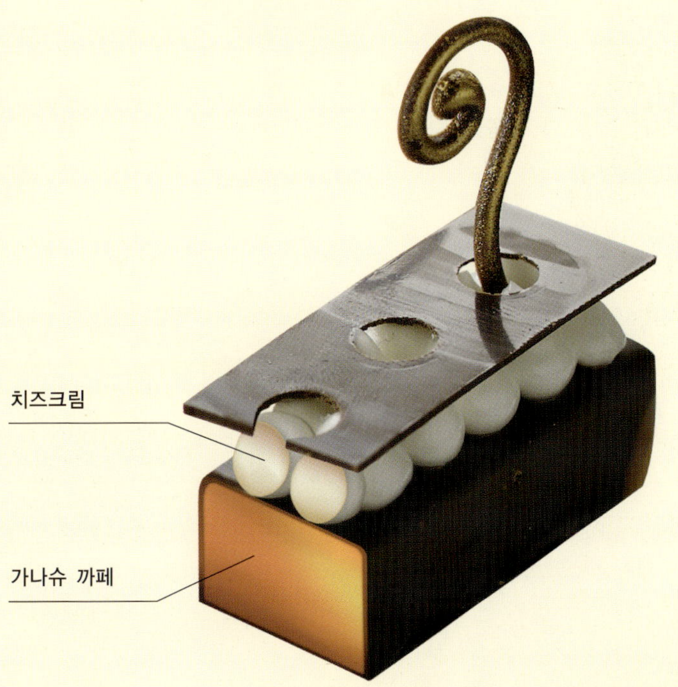

캐러멜 애플 가나슈, 시나몬 가나슈
Apple Cinnamon(애플 시나몬)

캐러멜 장종부르, 레몬 가나슈
Gingembre Citron(장종부르 시트롱)

라임 가나슈
Mojito(모히또)

라임 가나슈

132

가나슈 코리앤더

Aromatic Coriander(향긋한 코리앤더)

레몬바질 가나슈
Fresh Basil(상큼한 바질)

134

가나슈 이브아르 위스키,
가나슈 타이노리 바니유
Whisky Bar(위스키 바)

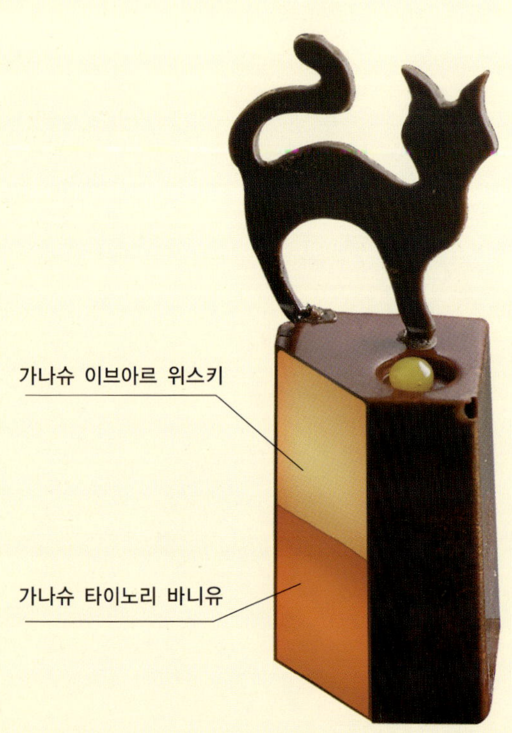

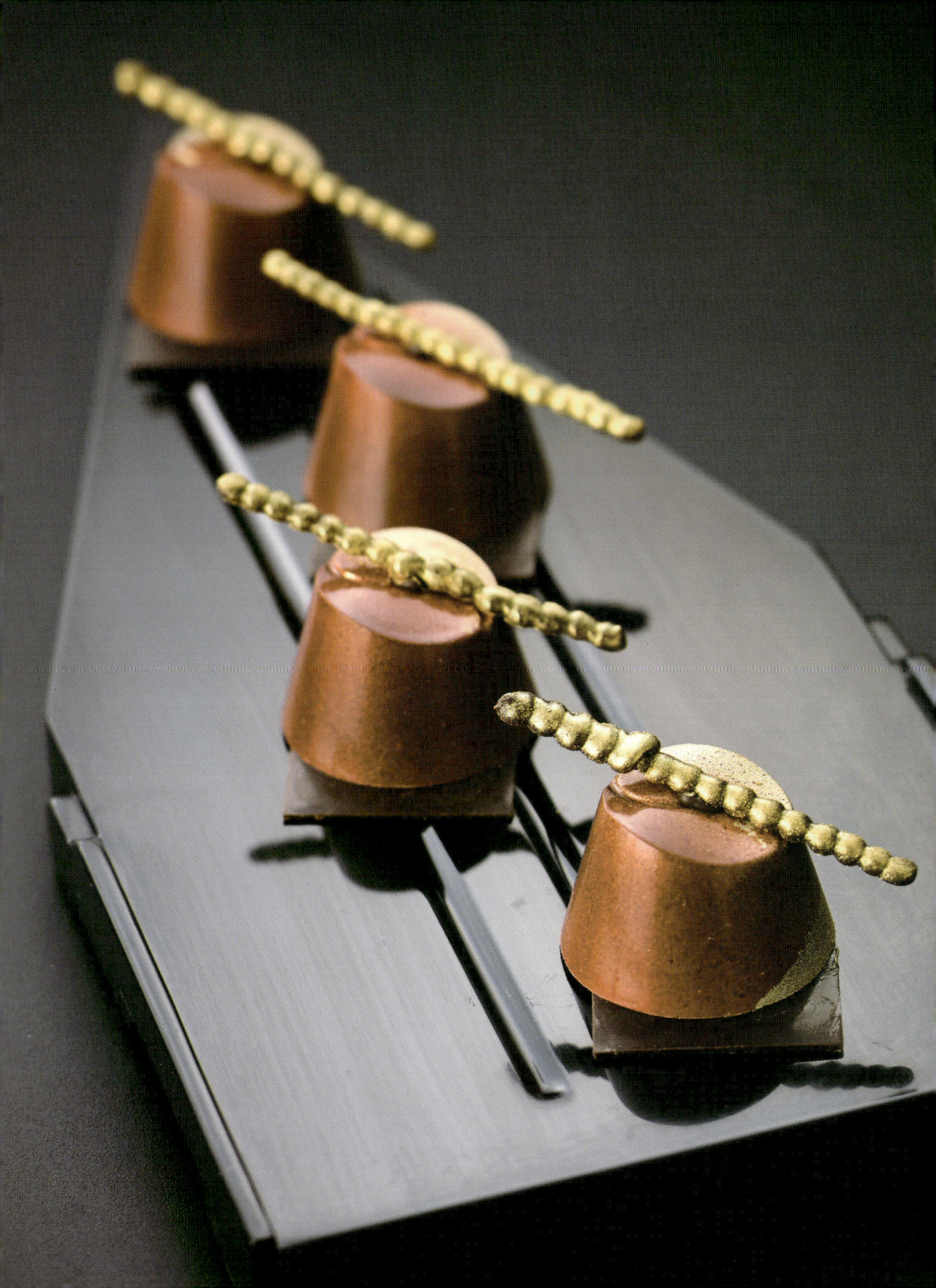

오렌지 가나슈
Laranja(라란자)

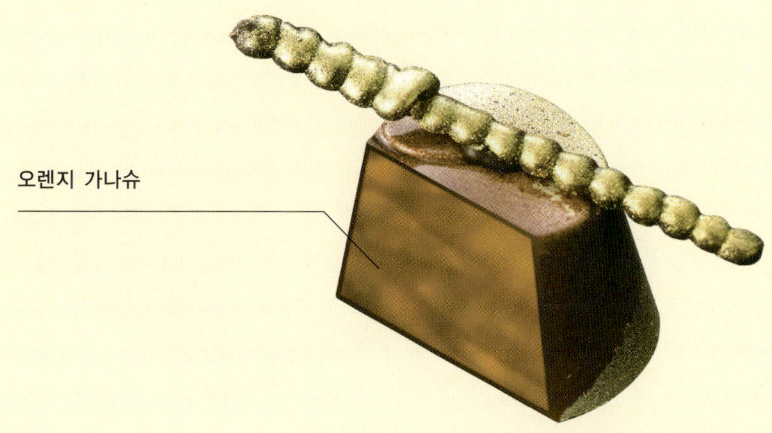

오렌지 가나슈

통카 가나슈
Tonka Tonka(통카 통카)

통카 가나슈

137

가나슈 쿠앵트로

Palet'dor(팔레도르)

프랑부아즈 가나슈, 라즈베리 마지팡
Framboise Marzipan
(프랑부아즈 마지팡)

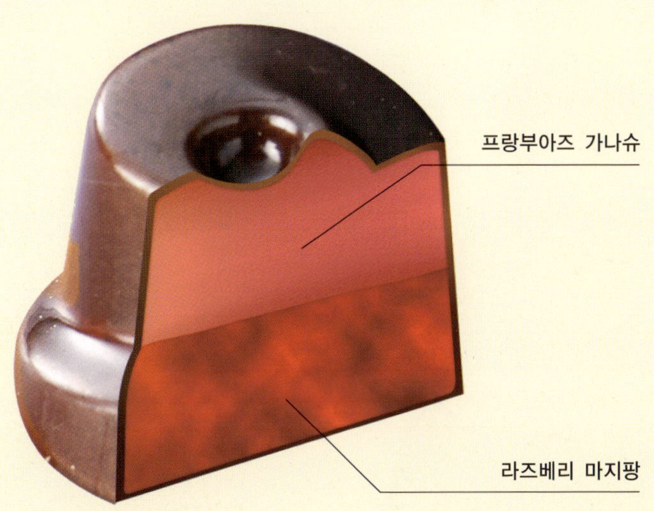

139

가나슈 말차

Green Green(그린 그린)

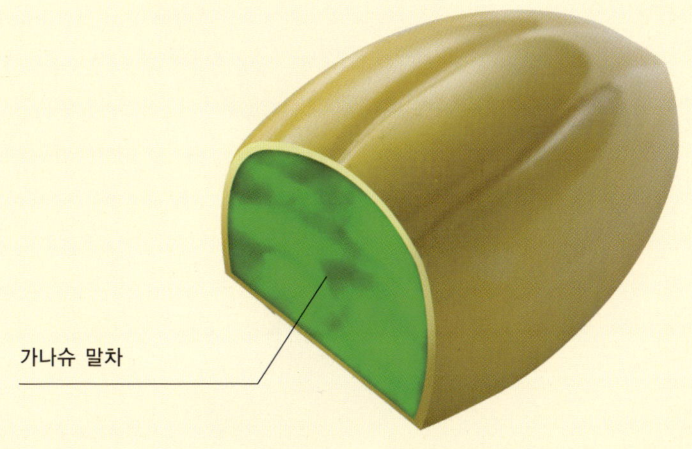

가나슈 말차

140

카푸치노
Cappuccino Bonbon(카푸치노 봉봉)

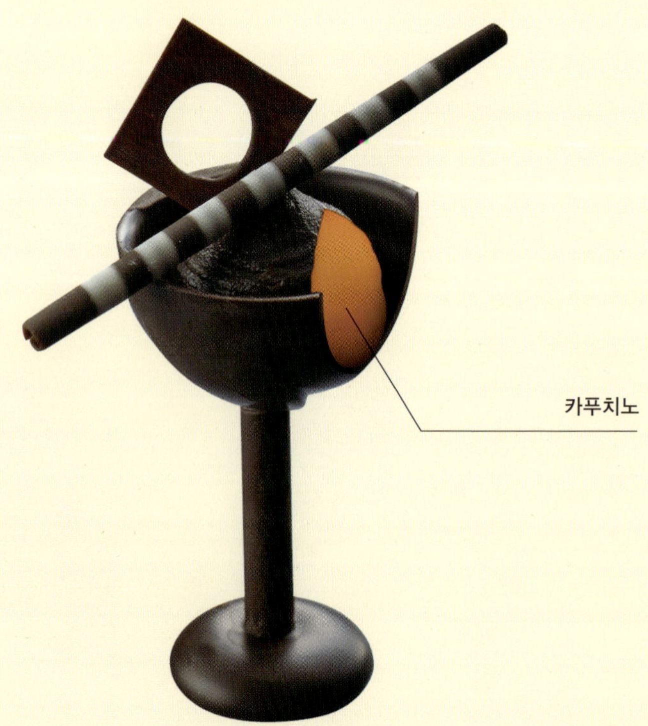

141

헤이즐넛 가나슈

Aromatic Hazel(고소한 헤이즐)

가나슈 스트로베리

Lipstick(립스틱)

143

피스타치오, 그리오트 쿨리
Griotte Green(그린오트 그린)

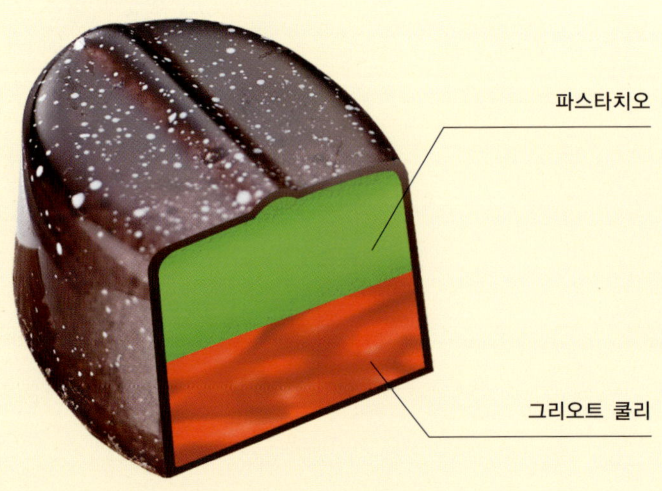

144

바삭한 가나슈
Crispy Feuillentine(바사삭 휘앙티누)

145

재스민 가나슈, 아카시아꿀
Jasmine(재스민)

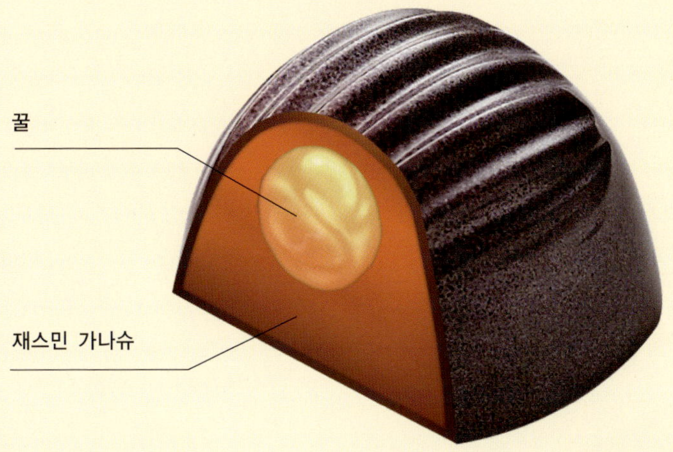

146

비스퀴 샤세, 글라사주 쇼콜라,
캐러멜 초콜릿 무스, 초코 퍼지,
카페 무스

Dignity(품격)

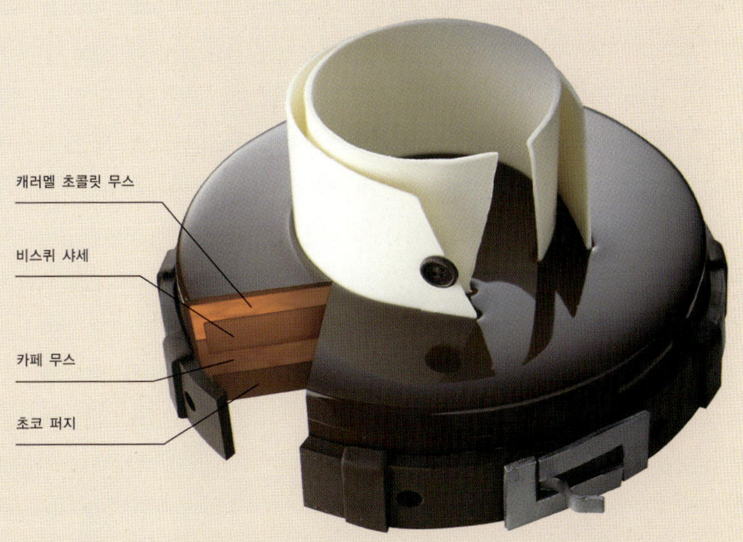

비스퀴 다쿠아즈, 크림 캐러멜,
무스 쇼콜라레,
비스퀴 쇼콜라 오 아망드,
밀크 글라사주

Metal(금속)

바나나 쇼콜라 무스, 망고 크림,
비스퀴 쇼콜라, 바닐라 봄브,
파핑슈가 크리스탈,
글라사주 쇼콜라

Antique(앤티크)

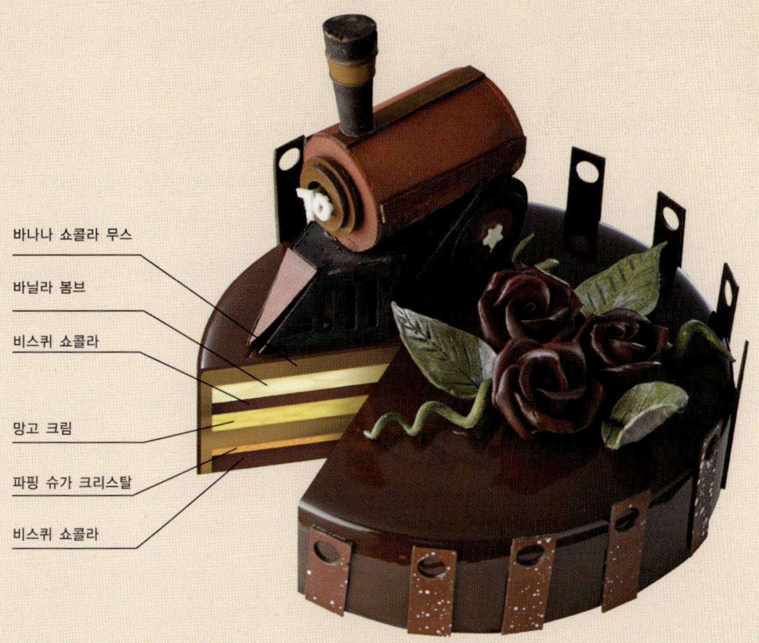

149

다쿠아즈 피칸, 크렘 쇼콜라, 크렘 시트롱, 얼그레이 무스, 산딸기 쿨리, 프랄린 글라사주

Leopard(표범)

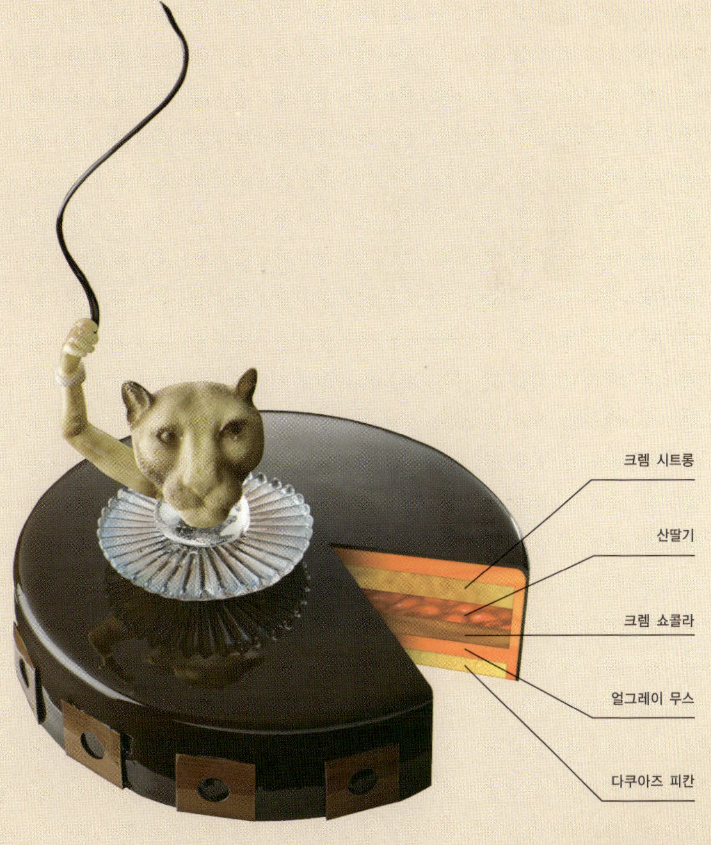

150

비스퀴 쇼콜라, 무스 캐러멜,
시나몬 쇼콜라, 시럽,
글라사주 쇼콜라

Planet(행성)

151

프랄린 스트로이젤, 초코 샹티이, 캐러멜 프랄린 아몬드

Wish(소망)

152

코코넛 무스, 비스퀴 프랑부아즈,
바닐라 밀크 가나슈,
프랑부아즈 리치 젤리,
화이트 글라사주

Engagement(약혼)

153

헤이즐넛 스펀지, 최고의 사브레,
가나슈 오 아니스, 패션 크림,
무스 오 락테, 오랑주 글라사주

May of Bride(오월의 신부)

154

다쿠아즈, 망고 무스, 패션망고 글라사주, 살구 소테, 패션 무스, 패션망고 젤리

Nude Mango(누드망고)

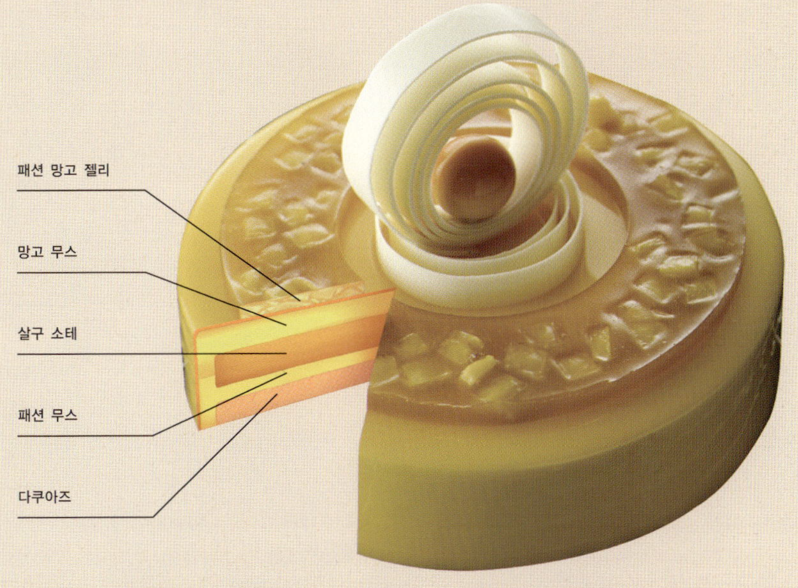

아몬드 스펀지, 사브레코코, 밀크초콜릿 무스, 크렘 쇼콜라, 산딸기 쿨리, 글라사주 쇼콜라

Echo(메이리)

밀크초콜릿 무스

산딸기 쿨리

아몬드 스펀지

크렘 쇼콜라

아몬드 스펀지

사브레 코코

156

다쿠와즈, 베이스 크렘 앙글레즈,
바바루아 유자 망고, 비스퀴 쇼콜라,
바바루아 헤이즐넛 프랄린,
쇼콜라 무스, 프랄린 글라사주

Tea Time(휴식)

157

비스퀴 조콩드, 요거트 후레즈,
산딸기 글라사주, 화이트 바바로와,
시부스트 카시스

Harmony(조화)

158

아몬드 다쿠아즈, 크렘 시트롱, 바삭한 쇼콜라 서클, 얼그레이 바바루아, 글라사주

Melody of Love(사랑의 멜로디)

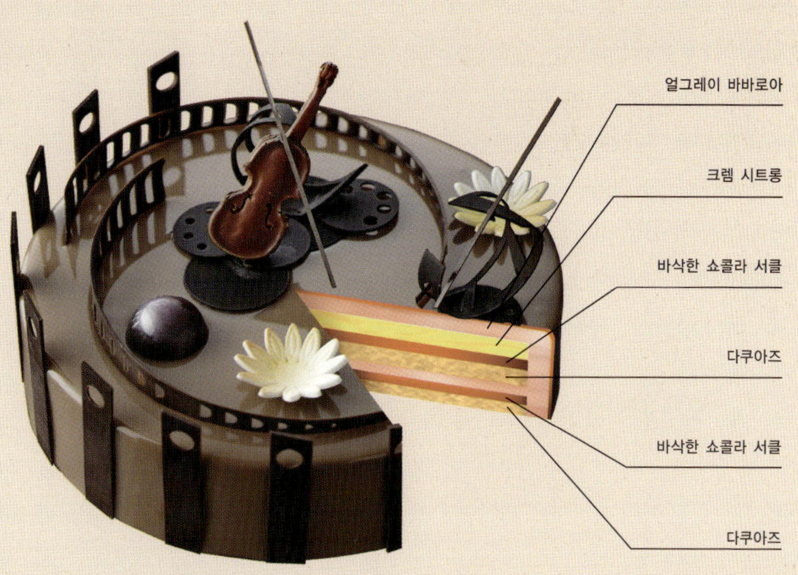

159

시나몬 다쿠아즈, 캐러멜,
청사과 콤포트, 캐러멜 초콜릿 무스,
글라사주 쇼콜라

September(9월)

크렘 쇼콜라 키리쉬,
피스타치오 비스퀴, 피스타치오 크림,
그리오트 쿨리, 무스 쇼콜라,
글라사주 쇼콜라

October 8(10월 8일)

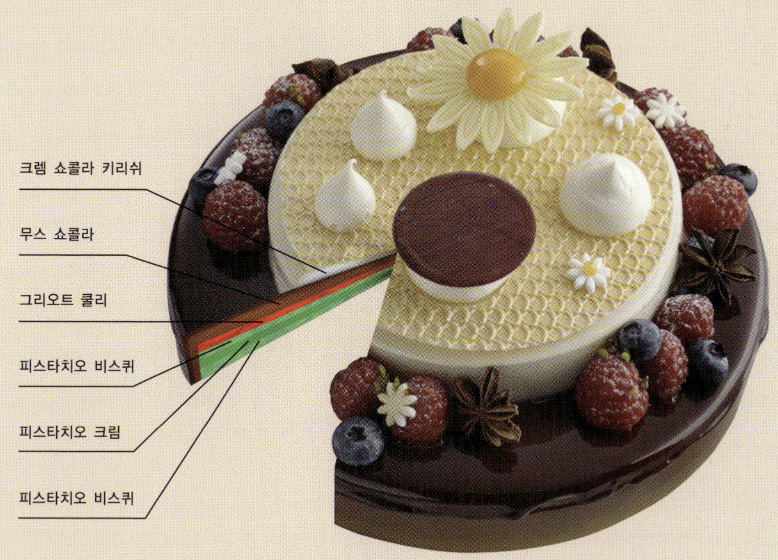

161

파트 사브레 쇼콜라,
크렘 브륄레 시나몬, 제누아즈 쇼콜라,
휘앙티누 쇼콜라 블랑, 크렘 쇼콜라,
밀크 글라사주, 시럽

Fall(가을)

162

헤이즐넛 스펀지, 콩피후레즈, 크렘 피스타치오, 최고의 사브레, 리치 크림, 무스 오 락테, 오랑주 글라사주

Flower & Garden(꽃과 정원)

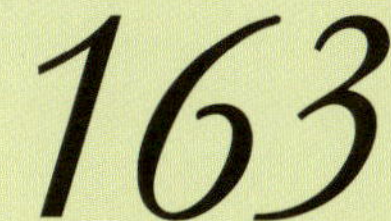

163

뜨거운 수플레

Soufflè caldo

164

프리똘레

Fritole

165

봄볼로니

Bomboloni

사과 파이

Torta di mele

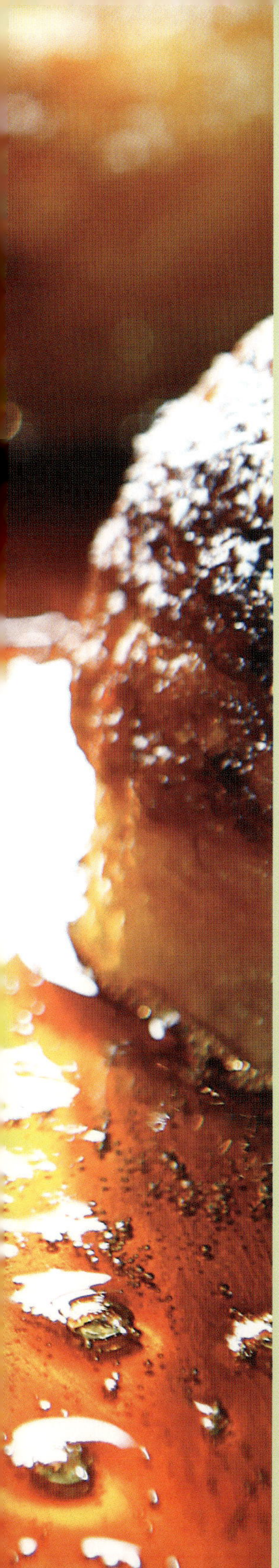

아몬드를 곁들인 사과구이

Mele ai lamponi

168

산딸기 타르트

Crostata alla fragola

치즈케이크

Torta formaggio

튀긴 크림

Crema fritta

호밀빵

Rye Bread

Dream
Dream P.T.S
Dream

호밀 시골빵

Rye Country

캄파뉴 폴리쉬 Ⅰ

Campagne Polish Ⅰ

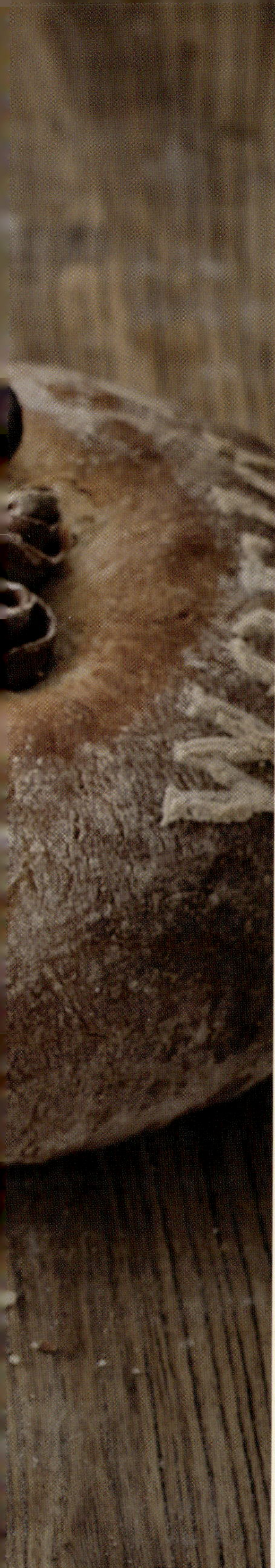

174

캄파뉴 폴리쉬 Ⅱ
Campagne Polish Ⅱ

시골빵 I

Campagne I

176

시골빵 Ⅱ

Campagne Ⅱ

시골빵 Ⅲ
Campagne Ⅲ

천연발효빵

Pain au Levain

179

효모

Leaven

세이글 Ⅰ

Seigle Ⅰ

세이글 Ⅱ
Seigle Ⅱ

건포도빵

Raisin Bread

잡곡빵

Pain aux Cereals

통밀 식빵

Brown Bread

185

붉은빵

Red Bread

186

고소한 빵

Savory

라이스 크랜베리

Rice Cranberry

시금치 크랜베리
Spinach Cranberry

189

블루베리 언덕

Blueberry Hill

190

스콘 크랜베리

Scone Cranberry

191

계피롤
Cinnamon Roll

192

열대

Tropical

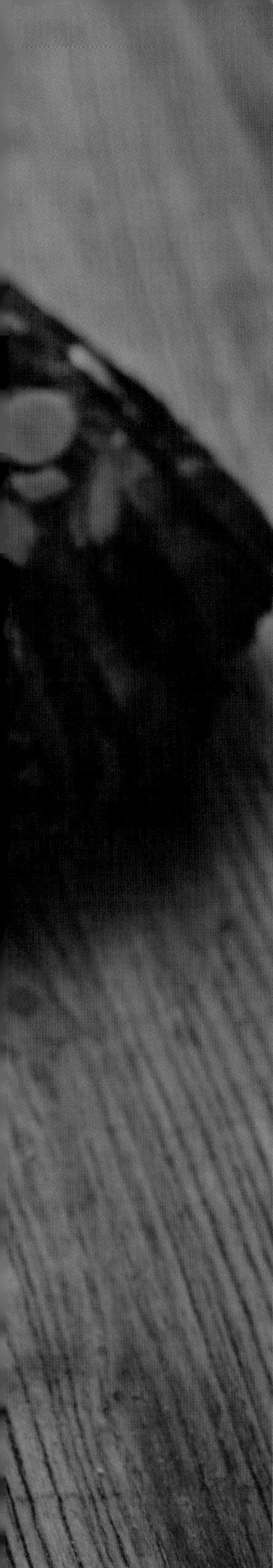

193

부채
Fan

194

무화과 데니시

Fig Danish

195

사과 데니시
Apple Danish

196

피칸 데니시

Pecan Danish

살구 데니시

Apricot Danish

초코 데니시

Pain au Chocolat

199

초승달 모양 빵

Croissant

잎 치아바타

Leaf Ciabatta

201

치아바타

Ciabatta

202

프티롤

Petite Roll

멜론빵

Melon Bread

올리브빵

Olive Bread

205

마늘빵

Garlic Baguette

쇼콜라 비엔노이즈
Chocolat Viennoise

맷돌 통밀빵
Whole Brown Bread

슈톨렌

Stollen

호두 브리오슈

Walnut Brioche

브리오슈 오랑주

Brioche Orange

몽블랑
Mont-Blanc

212

데니시 페이스트리

Danish Pastry

213

바게트
Baguette

214

푸가스 I

Fougasse I

푸가스 Ⅱ

Fougasse Ⅱ

에삐

Epi

가닥 꼬기 빵

Tresses

218

마카롱 카페
Macaron Cafe

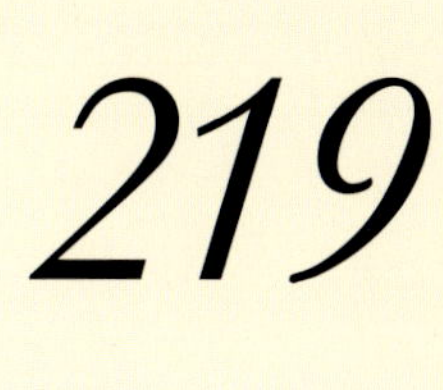

219

마카롱 요거트
Macaron Yogurt

220

마카롱 흑임자

Macaron Black Sesame

마카롱 민트

Macaron Mint

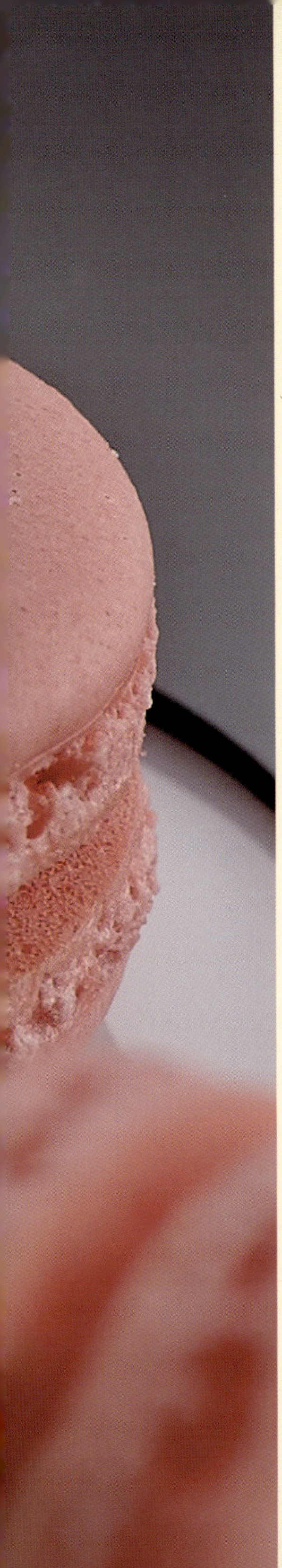

마카롱 로즈

Macaron Rose

마카롱 오렌지
Macaron Orange

마카롱 파스타치오

Macaron Pistachio

마카롱 유자

Macaron Yuzu

마카롱 마스카포네
Macaron Mascarpone

캐러멜

Caramel

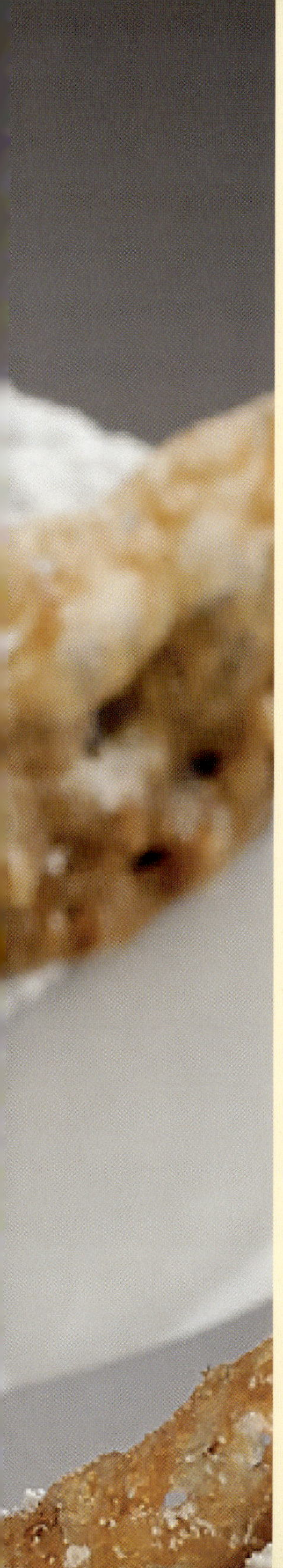

228

누가

Nougat

셰프님들의 새로운 작품들을 기다리며 …
디저트는 계속 이어집니다.

요리공작소

| 참여한 사람들 |

- 권희열과 함께한 동료(셰프)(전, 하얏트호텔)

- 안토니오심(일꾸오꼬 원장)

- 고재석(SBS 생활의 달인 최강달인)
  전민선(JM 컨설팅 대표)
  우경수(현대백화점 그룹 베이커리팀 개발실장)
  김동석(서울호서전문학교 제과제빵과 교수)
  한서광(국제 기능올림픽 한국 국가대표)
  신나리(국제 기능올림픽 한국 국가대표)
  유건희(국제 기능올림픽 한국 국가대표)
  강동석(국제 기능올림픽 한국 국가대표)
  류인철(국제 기능올림픽 한국 국가대표 기술지도)